AF614595

ISBN 978-3-662-22860-9 ISBN 978-3-662-24794-5 (eBook)
DOI 10.1007/978-3-662-24794-5

Die Drucklegung der nachstehenden Dissertation wird genehmigt.

Hannover, den 30. April 1959

Der Rektor
der Tierärztlichen Hochschule
NICKEL

1. Berichterstatter: Prof. Dr. H. H i l l

2. Berichterstatter: Prof. Dr. A. S c h ö b e r l

Tage der mündlichen Prüfung: 9. - 11. Juni 1959

Inhalt

Einleitung

Seit CLAUDE BERNARD[4] wird die Gesamtkörperflüssigkeit in zwei Anteile gegliedert: das Zellwasser und die extracelluläre Flüssigkeit – das sogenannte milieu intérieur.

Untersuchungen über das Körperwasser und seine Unterteilungen gewinnen in Physiologie und Klinik zunehmend an Bedeutung. Die Kenntnisse auf diesem Gebiet dienen als Grundlage für Diagnostik und Therapie der Störungen des Wasser- und Mineralhaushaltes und für die indirekte Bearbeitung von Problemen der Ernährung und Konstitutionsforschung.

Beim Schwein liegen bereits eine Reihe von Untersuchungen über das Gesamtkörperwasser vor (KRAYBILL[30] 1953, CLAWSON[11] 1955, DUMONT[15] 1956, SIEBURG[51] 1957, WAGNER[54]). Das extracelluläre Flüssigkeitsvolumen wurde unseres Wissens bei dieser Tierart noch nicht bestimmt.

Die vorliegenden Untersuchungen wurden unternommen, um Normalwerte für das extracelluläre Wasser (ECW) verschieden alter Schweine zu erhalten. Außerdem sollten die im hiesigen Institut durchgeführten Messungen des Gesamtkörperwassers unter besonderen Fütterungsbedingungen (Eiweißmangel, Antibiotica, rationierte Fütterung) durch Bestimmung des ECW bei diesen Tieren ergänzt werden.

Methodisches

Das ECW wird heute vorwiegend aus dem Verteilungsraum bestimmter, rasch diffundierender körperfremder Substanzen berechnet, „Verdünnungsmethode". (Übersichten bei MERTZ[37] 1956; RAISZ, YOUNG u. STINSON[44] 1953; FRIIS-HANSEN[21] 1956; IKKOS[28] 1956; SIRI[52] 1956.)

Durch Division der zur Zeit des Verteilungsgleichgewichtes im Körper vorhandenen Menge Testsubstanz durch ihre Konzentration im Plasmawasser läßt sich die Größe des Verteilungsvolumens errechnen. Da Testsubstanzen im Körper abgebaut oder durch die Nieren ausgeschieden werden, ist es notwendig, die bis zur Erreichung des Verteilungsgleichgewichtes eliminierte Menge zu bestimmen.

Dies kann durch quantitative Harnsammlung mit Blasenspülung oder durch Aufstellung einer Eliminationskurve aus den Werten des fallenden Plasmaspiegels geschehen.

Da sich Schweine als Versuchstiere schwierig handhaben lassen, scheiden alle Bestimmungsmethoden, die eine intravenöse Dauerinfusion oder quantitative Harnsammlung mit Blasenspülung erfordern, von vornherein bei diesen Tieren aus.

Radioaktive Substanzen sollten bei den Untersuchungen nicht verwandt werden. Unter den danach noch zur Verfügung stehenden Methoden erschien uns Natriumthiosulfat als geeignete Testsubstanz. Natriumthiosulfat ist nicht toxisch für Mensch und Tier; es wird seit langem in hohen Dosen als Antidot bei Cyanid- und Schwermetallvergiftungen gegeben. Es diffundiert rasch in den physiologisch aktiven Teil des ECW (Molekulargewicht 135). Das Verteilungsgleichgewicht ist nach einmaliger Injektion beim Menschen bereits nach 15–20 min erreicht. Die Substanz verursacht keine Flüssigkeitsverschiebung durch osmotische Effekte oder Einwirkung auf die Nierenfunktion (FRIIS-HANSEN[22] 1954, CARDOZO u. EDELMAN[7] 1951). Es erfolgt keine wesentliche Bindung an Proteine und andere Gewebsteile (KOWALSKI u. RUTSTEIN[29] 1952). Die Bestimmung des ECW mit dieser Substanz wurde erstmals von NEWMAN, GILMAN u. PHILIPS[39] beim Menschen angewandt. CARDOZO u. EDELMAN[7] vereinfachten und verbesserten diese bisher auf Harnsammlung abgestimmte Methodik, indem sie die gesuchte Anfangskonzentration des Teststoffes aus dem fallenden Plasmaspiegel ermittelten.

Versuchstiere. Insgesamt wurden 24 männliche Schweine im Gewicht von 13–103 kg untersucht. Davon waren 20 veredelte Landschweine, 2 weiße Edelschweine und 2 Kreuzungstiere (veredelte Landschweine × Minnesota und Minnesota × weißes Edelschwein). Bei 16 Tieren konnte die Bestimmung des ECW nur einmal oder zweimal im Abstand von wenigen Tagen durchgeführt werden. Die 8 übrigen Tiere wurden vom 50.–80. Lebenstag bis zum Alter von 160–170 Tagen in gewissen Zeitabständen untersucht.

Über die Fütterung wird im Zusammenhang mit den Ergebnissen berichtet.

Blutentnahme und Injektion. Während der Dauer des Versuches (70 min) wurden die Tiere in einem sägebockartigen Gestell in Rückenlage fixiert.

Die *Blutentnahme* erfolgt aus der V. cava cran. nach der von CARLE u. DAWHIRST[8] (1942), HÜTTEN u. PREUSS[27] (1953), sowie DUMONT[14] (1955) angegebenen Technik. Mit einer innen polierten, 6 cm langen und 1 mm starken Kanüle wurde das Blut in Ganzglasspritzen aufgezogen, die mit 0,5 mg Heparin und 25 mg NaF-Pulver beschickt waren. Bei ruhigeren Tieren war es meist möglich, die eingestochene Kanüle zwischen den einzelnen Blutentnahmen in der Vene zu lassen. Um in dieser Zeit eine Gerinnung in der Kanüle zu verhindern, wurde ein Kunststoffmandrin in das Lumen eingeführt.

Die streng intravenöse *Injektion* größerer Flüssigkeitsmengen in die Ohrvene ist besonders bei jungen Schweinen oft nicht möglich. Es zeigte sich, daß eine Injektion in die V. cava cran. sicherer und relativ leicht durchzuführen ist. Es muß darauf geachtet werden, daß dazu in einem möglichst spitzen Winkel eingestochen wird. Sehr bewährt hat sich die Verwendung eines etwa 10 cm langen, durchsichtigen, elastischen, 4 mm dicken Polyäthylenschlauches als Verbindung zwischen Kanüle und Spritze. Er verhindert, daß bei plötzlichen Bewegungen des Tieres die Kanüle aus dem Gefäß gezogen wird. Außerdem ist es leicht möglich, durch Ansaugen von Blut in den durchsichtigen Schlauch die korrekte Lage der Kanüle zu kontrollieren, ohne daß dadurch der Spritzeninhalt mit Blut vermischt wird. Nach Abklemmen des Schlauches läßt sich die Spritze ohne Substanzverlust nachfüllen oder -spülen.

Versuchsablauf. Alle Bestimmungen wurden vormittags ausgeführt. Die Versuchstiere waren zu Beginn des Versuches 16—20 Std nüchtern. Injiziert wurde 1,5 ml/kg einer 10%igen Lösung von Natriumthiosulfat (15,8 g $Na_2S_2O_3 \cdot 5\,H_2O$ und 6 g $Na_2HPO_4 \cdot 12\,H_2O$ ad 100 ml H_2O). Die Injektion erfolgte langsam (20 ml/min). Die Zeit zu Beginn der Injektion wurde als Zeit 0 vermerkt.

Vor der Injektion wurde eine Kontrollblutprobe genommen. Nach Einstellung des Verteilungsgleichgewichtes (15—20 min) wurden 7 Blutproben von je 4 ml entnommen, die ersten im Abstand von 6—8, die letzten im Abstand von 8—10 min. Unmittelbar nach der Entnahme müssen die Erythrocyten abzentrifugiert werden, da sonst, wie eigene Versuche und die Untersuchungen von CARDOZO u. EDELMAN[7] ergeben haben, Thiosulfat in die Erythrocyten eindringt und damit die Plasmakonzentration zu niedrig bestimmt wird.

Bestimmung der Thiosulfatkonzentration

Enteiweißung. Zu 1 ml Plasma wurden 9 ml einer frisch zubereiteten Lösung aus 20 ml einer 10%igen Na_2WO_4-Lösung, 20 ml 2/3 n H_2SO_4 und 140 ml H_2O zugegeben, häufig durchgeschüttelt und nach 10 min zentrifugiert.

Die indirekte Jodometrie wurde mit einer Makromethode durchgeführt, die in Anlehnung an die Mikromethode von FRIIS-HANSEN[20] entwickelt wurde. Zu 4 ml der eiweißfreien Flüssigkeit wurden 4 ml n/200 KJO_3 aus einer Mikrobürette und 10 ml 2 n HCl hinzugefügt. Nach 7 min wurden 10 ml einer frisch zubereiteten 10%igen KJ-Lösung zugegeben. Bis zum Verschwinden der braunen Farbe wurde mit n/1000 $Na_2S_2O_3$ titriert, dann 5 Tropfen 8%ige Stärkelösung zugesetzt und bis zur Entfärbung weitertitriert. Von der Enteiweißung des Plasmas an wurden von allen Proben Doppelbestimmungen durchgeführt. Die frisch zubereitete $Na_2S_2O_3$-Lösung wurde jeweils gegen die n/200 KJO_3-Lösung als Standard titriert (Titration „Leerwert").

Die Berechnung der Thiosulfat-Plasmakonzentration (Kp) in mg-% erfolgt nach der Formel:

$$Kp = (T_1 - T_2)\,\frac{98{,}75}{T_3},$$

worin T_1 = Titration „Kontrollblut", T_2 = Titration „Plasma unbekannt", T_3 = Titration „Leerwert" und 98,75 eine Zusammenfassung der stöchiometrischen Faktoren darstellt. In gleicher Weise wie die Plasmaproben wurde eine 200fache Verdünnung der injizierten Lösung titriert, um sie auf ihren Gehalt an $Na_2S_2O_3$ (K_I) zu prüfen.

Die Berechnung des Thiosulfatverteilungsraumes. Werden die Logarithmen der Plasmakonzentrationen gegen die Zeiten der Blutentnahme aufgetragen, so ergibt sich eine Eliminationsgerade.

Durch Extrapolation der Plasmakonzentration auf die Injektionszeit erhält man die theoretische Anfangskonzentration (Ko), die entstanden wäre, wenn sich alles injizierte Thiosulfat sofort gleichmäßig im Körper verteilt hätte. Um die Konzentration im Plasmawasser (Kpw) zu berechnen, wurde Ko für den Wasseranteil des Plasmawassers korrigiert:

$$Kpw = Ko\,\frac{100}{100 - \%\,\text{Eiweiß}}\,.$$

Die Plasmaeiweißbestimmung erfolgte refraktometrisch.

Das Thiosulfatverteilungsvolumen in Litern (ECW_{TS}) berechnet sich dann nach der folgenden Formel:

$$ECW_{TS} = \frac{M \cdot K_I \cdot 200}{Kpw \cdot 1000}\,l.$$

Darin bedeuten: M das Volumen der injizierten Thiosulfatlösung und K_I deren Konzentration in mg/100 ml.

Das auf diese Weise erfaßte Thiosulfatverteilungsvolumen deckt sich nicht voll mit dem anatomischen Begriff des extracellulären Raumes. Erfaßt wird nur das physiologisch aktive ECW. Kaum erfaßt werden die interstitiellen Räume des straffen Bindegewebes und gewisse Anteile der Haut. (NICHOLS, NICHOLS, WEIL u. WALLACE[40] stellten fest, daß beim Hund selbst nach dreistündiger Dauerinfusion nur 45% des Sehnenwassers und 78% des Hautwassers erfaßt werden). Nicht bestimmt wird die Flüssigkeit in Liquor, synovialen Höhlen, Auge, Drüsenlumina, Galle, Magendarmkanal, Harnwegen und Blase. Diese Volumina werden von EDELMAN, OLNEY, JAMES, BROOKS u. MOORE[16] als „transcelluläre Flüssigkeit" zusammengefaßt. Im folgenden Text werden aus Gründen der Vereinfachung ECW und Thiosulfatverteilungsvolumen gleichsinnig gebraucht.

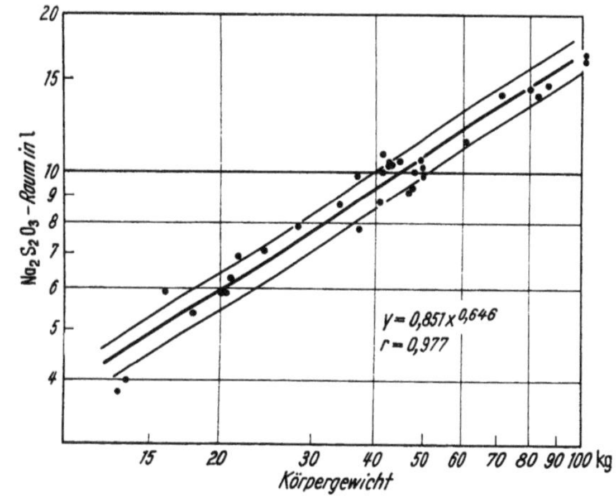

Abb. 1. Thiosulfatverteilungsraum normaler Schweine (in l) in Abhängigkeit vom Körpergewicht. Beide Koordinaten logarithmisch geteilt. Regressionsgerade und 1 σ-Grenzen

Ergebnisse

A. Das extracelluläre Wasser

1. Das extracelluläre Wasser normal ernährter Schweine. Die Tiere dieser Gruppe erhielten ein vollwertiges Futter und zwar die Tiere 01—07 und 71—79 eine leichte Wirtschaftsmast (Kartoffeln, Schrot, Trockenhefe, Magermilchpulver). Die übrigen Tiere wurden intensiv gemästet (80/84-1 und 80/84-3 nach den Richtlinien der Mastleistungsprüfung mit Schrot, die übrigen mit Schrot und Kartoffeln). Die an diesen Tieren ermittelten Werte sind in Tab. 1 aufgeführt.

Der Thiosulfatverteilungsraum steigt nicht proportional dem Körpergewicht an, sondern folgt einer Potenzfunktion. In Abb. 1 ist die Beziehung zwischen Körpergewicht (x) und ECW in l (y) in logarithmischen Koordinaten dargestellt. Die Gleichung der Beziehung lautet:

$$y = 0{,}851 \cdot x^{0{,}646}.$$

Der Korrelationskoeffizient wurde logarithmisch berechnet:

$$r = 0{,}973.$$

In Prozent des Körpergewichtes ausgedrückt, nimmt das ECW mit zunehmendem Körpergewicht ab. Tiere von 13—24 kg Gewicht haben einen ECW von durchschnittlich 30,4% des Körpergewichtes, solche von 80—103 kg jedoch nur noch 16,9% im Durchschnitt. Dieses Verhalten ist in Abb. 2 dargestellt.

Tabelle 1. *An gesunden, normal ernährten Schweinen ermittelte Werte des Thiosulfatverteilungsvolumens (ECW_{TS}), der abgelesenen Halbwertszeit (HWZ) des Thiosulfatplasmaspiegels und der daraus berechneten Eliminationswerte*

Schwein Nr.	Gewicht kg	Körperoberfläche m²	Alter Tage	ECW_{TS}			HWZ Minuten	Elimin. Konst. min^{-1}	Totalclearance	
				l	% K. Gew.	l/m² Kofl.			cm³/min	cm³/min/m²
A. Tiere mit leichter Wirtschaftsmast										
79	13,0	0,493	51	3,8	29,4	7,900	32,0	0,0216	83,5	169,2
78	13,5	0,493	51	4,0	29,6	8,114	31,5	0,0220	88,0	178,5
71	16,0	0,552	77	5,9	36,9	10,688	41,0	0,0169	99,7	180,6
72	18,0	0,598	78	5,4	30,0	9,030	30,5	0,0227	125,0	209,0
74	20,4	0,649	80	5,9	28,4	8,936	29,5	0,0235	138,7	214,0
76	20,5	0,651	82	5,9	28,5	8,986	35,0	0,0198	117,0	180,0
72	21,0	0,662	85	6,3	29,8	9,441	34,5	0,0201	126,5	191,0
75	21,6	0,674	81	6,9	31,9	10,237	32,0	0,0216	149,0	219,0
73	24,2	0,727	86	7,1	29,2	9,712	42,5	0,0163	116,5	160,5
07	28,0	0,802	—	7,9	28,2	9,850	37,5	0,0185	146,2	182,0
05	34,0	0,914	—	8,7	25,5	9,519	37,0	0,0187	162,5	178,0
71	37,0	0,965	142	9,8	26,5	10,150	32,5	0,0213	209,0	217,0
74	37,5	0,975	142	7,8	20,7	8,000	30,0	0,0231	180,0	184,5
72	41,0	1,035	143	8,8	23,5	8,502	37,0	0,0187	164,5	159,0
75	41,5	1,044	144	10,8	26,4	10,345	33,5	0,0207	223,5	214,0
76	41,5	1,044	145	10,0	24,0	9,579	40,0	0,0173	173,0	165,5
71	42,8	1,105	158	10,4	24,2	9,412	37,5	0,0185	192,0	174,0
75	43,0	1,070	148	10,3	24,0	9,626	36,0	0,0193	199,0	186,0
Pa	43,5	1,080	—	10,3	23,7	9,565	38,5	0,0180	185,4	171,7
Pa	45,0	1,105	—	10,5	23,3	9,475	36,0	0,0193	203,0	184,0
73	46,8	1,127	148	9,1	19,5	8,075	(48,5	0,0143	130,0	115,5)
02	47,5	1,140	172	9,3	19,5	8,158	29,0	0,0239	222,5	195,0
01	48,0	1,150	164	10,0	20,9	8,696	32,5	0,0213	213,0	185,5
01	49,5	1,174	173	10,5	21,2	8,944	34,0	0,0204	214,0	182,0
79	50,0	1,182	164	9,8	19,6	8,291	30,0	0,0231	222,6	188,3
78	50,0	1,182	166	10,2	20,3	8,629	30,0	0,0231	235,6	199,3

Tabelle 1 (*Fortsetzung*)

B. Tiere mit Intensivmast

Dit 5—40	61,5	1,355	145	11,4	18,5	8,413	25,0	0,0277	316,0	233,0
Toni 15	71,5	1,502	150	14,0	19,6	9,321	31,0	0,0224	314,0	209,0
Dor 5	81,0	1,629	182	14,4	17,8	8,838	25,0	0,0277	399,0	245,0
Dor 5	83,5	1,662	186	14,0	16,8	8,424	25,5	0,0272	380,0	229,0
Dor 1	87,0	1,708	182	14,6	16,8	8,548	25,5	0,0272	397,0	232,5
80/84—1	103,0	1,911	195	16,7	16,2	8,739	27,5	0,0252	420,0	220,0
80/84—3	103,0	1,911	195	17,2	16,7	9,001	35,5	0,0195	335,0	175,5

Das ECW wurde in Tab. 1 auch auf die Körperoberfläche, berechnet in der üblichen Weise nach der Meehschen Formel ($0 = 0{,}087 \cdot kg^{2/3}$), bezogen. Um einen Überblick über die Streuung bei wiederholten Bestimmungen zu erhalten, wurde die Summe der Abweichungsquadrate aufgeteilt in die

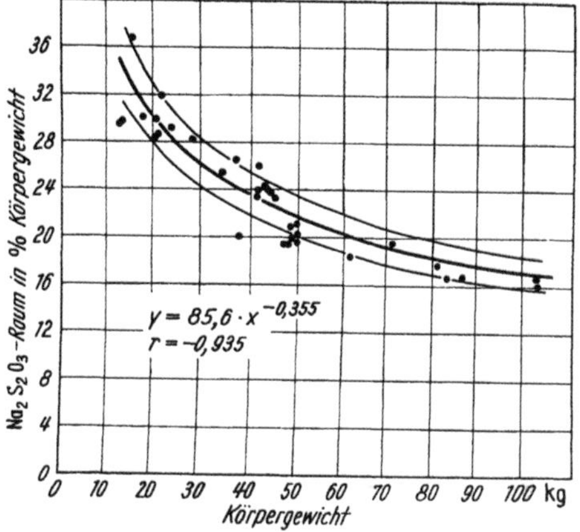

Abb. 2. Thiosulfatraum normaler Schweine (in Prozent des Körpergewichtes) in Abhängigkeit vom Körpergewicht. Es sind die logarithmisch berechnete Regressionsgerade und die 1 σ-Grenzen eingetragen

Abweichungsquadrate zwischen den einzelnen Versuchstieren und die Abweichungsquadrate bei wiederholten Bestimmungen beim gleichen Versuchstier. Es ergab sich das folgende Varianzschema (Tab. 2).

Der Thiosulfatraum bei Schweinen im Gewicht von 13—103 kg betrug im Mittel $9{,}10 \pm 0{,}74$ l/m² Körperoberfläche.

Die Varianz zwischen den Schweinen fällt größer aus als die Varianz bei wiederholten Bestimmungen am gleichen Schwein, jedoch läßt sich dieser Unterschied statistisch nicht sichern.

2. Der Einfluß einer Antibioticum-Beifütterung auf das extracelluläre Wasser. In den letzten Jahren hat die Beifütterung antibiotischer Substanzen auch in der Schweinemast große Bedeutung erlangt. Es besteht daher Interesse zu prüfen, ob diese Beifütterung einen Einfluß auf die Körperzusammensetzung, insbesondere auf den Wassergehalt der angesetzten Substanz hat.

Zu diesem Versuch wurden 6 Wurfgeschwister verwandt. Alle Tiere erhielten in Einzelfütterung das gleiche leichte Mastfutter (Kartoffeln, Gerstenschrot, Hefe, Magermilchpulver). Vom 80. Lebenstage an bekamen die Schweine 71—73 zusätzlich täglich 4 g Terramycinkonzentrat*, dies entspricht 26,4 mg Oxytetracyclin und 26,4 γ Vitamin B_{12}. Die Schweine 74—76 dienten als Kontrolle. Der Versuch wurde bis zum Alter von 142—148 Tagen fortgeführt.

Tabelle 2. *Zerlegung der Gesamtstreuung des Thiosulfatverteilungsvolumens (l/m² Körperoberfläche) in Streuung zwischen den Schweinen und Streuung bei wiederholten Versuchen an den gleichen Schweinen*

Art der Streuung	SAQ	Fg	MAQ	Mittelwert l/m²	Streuung	Variationskoeffizient %
Gesamt	16,297	30	0,543	9,104	± 0,737	± 8,09
Schweine	12,654	18	0,703	8,964	± 0,839	± 9,35
Wiederholung (innerh. d. Schw.)	3,643	12	0,304	9,325	± 0,541	± 5,81

SAQ = Summe der Abweichungsquadrate; Fg = Freiheitsgrade; MAQ = Mittleres Abweichungsquadrat (Varianz).

In Tab. 3 sind die Werte zusammengefaßt, die sich bei der Bestimmung des ECW zu Beginn und am Ende des Versuches ergeben haben.

Da die Schweine bei Versuchsbeginn und bei Versuchsende verschieden schwer waren, wurde in dem folgenden Schema durch Covarianz eine Korrektur für das Gewicht der Schweine durchgeführt. Die Covarianz wurde unter Annahme einer linearen Beziehung zwischen Gewicht und Prozent ECW berechnet, eine Annahme, die in dem engen, hier vorliegenden Gewichtsbereich durchaus berechtigt ist.

Eine bestehende Wechselwirkung zwischen den Fütterungsgruppen und der Wiederholung würde besagen, daß sich das ECW bei der ersten und zweiten Untersuchung in der Antibioticagruppe anders verändert hätte als in der zweiten Normalgruppe. Dies ist, wie das Covarianzschema zeigt, nicht der Fall.

Ein Einfluß des Antibioticums auf das ECW besteht also nicht.

Die Reststreuung beträgt ± 1,41% des Körpergewichtes. Da der Mittelwert des Thiosulfatraumes bei diesen Versuchen 26,9% des Körpergewichtes beträgt, ergibt sich ein Variationskoeffizient von 5,2 — ein Wert, der mit dem in Tab. 2 an größerem Material erhaltenen (5,8) recht gut übereinstimmt.

Da sich die Werte der Antibioticumgruppe nicht von denen der Normalgruppe unterscheiden, sind sie mit in Tab. 1 aufgenommen worden.

---

* Wir danken der Firma Cela, Ingelheim für Versuchsmuster.

Tabelle 3. *Thiosulfatverteilungsvolumen und -ausscheidungswerte von Schweinen vor Beginn und am Ende einer neunwöchigen Terramycinbeifütterung sowie die entsprechenden Werte der Kontrolltiere*

Schweine Nr.	Gewicht	Körperoberfläche m^2	Alter Tage	Wiederh. n. Tagen	ECW			HWZ Minuten	Clearance	
					l	% Kgew.	l/m^2 Kofl.		cm^3/min	$cm^3/m^2/min$
A. Versuchsbeginn					**1. Antibioticatiere**					
71	16,0	0,552	77	—	5,9	36,9	10,688	41,0	97,5	176,5
72	18,0	0,598	78	—	5,4	30,0	9,030	30,5	125,0	209,0
73	24,2	0,727	86	—	7,1	29,2	9,712	42,5	116,5	160,5
					2. Normaltiere					
74	20,4	0,694	80	—	5,9	28,4	8,936	29,5	138,7	214,0
75	21,6	0,674	81	—	6,9	31,9	10,237	32,0	149,0	219,0
76	20,5	0,651	82	—	5,9	28,5	8,986	35,0	117,0	180,0
B. Versuchsende					**1. Antibioticatiere**					
71	37,0	0,965	142	65	9,8	26,5	10,150	32,5	209,0	217,0
72	41,0	1,035	143	65	8,8	23,5	8,502	37,0	164,5	159,0
73	46,8	1,127	148	62	9,1	19,5	8,075	48,5	130,0	115,5
					2. Normaltiere					
74	37,5	0,975	142	62	7,8	20,7	8,000	30,0	180,0	184,5
75	43,0	1,070	148	67	10,3	24,0	9,626	36,0	199,0	186,0
76	41,5	1,044	145	63	10,0	24,0	9,579	40,0	173,0	165,5

Tabelle 4. *Covarianzschema zur Prüfung des Einflusses einer Antibioticum-Zufütterung auf das extracelluläre Wasser von Schweinen*

Art der Streuung	SAQ	Fg	MAQ	F	5%	1%
Gesamt	59,46	10	5,95	—	—	—
Schweine	69,51	4	17,38	8,69⁻	9,12	28,71
Futter (F)	6,44	1	6,44	3,22⁻	10,13	34,12
Wiederholung (W)	5,62	1	5,62	2,81⁻	10,13	34,12
Wechselwirkung F×W	5,50	1	5,50	2,75⁻	10,13	34,12
Rest	5,99	3	1,997	—	—	—

Reststreuung: ± 1,41% des Körpergewichtes.
Abkürzungen wie Tab. 2.
F = Prüffunktion; 5% und 1% = Signifikanzgrenzen.

3. Die Beeinflussung des ECW durch Antipyrin-Injektionen. Bei den Schweinen Nr. 71—76 ging einem Teil der ECW-Bestimmungen eine Messung des Gesamtkörperwassers mit Antipyrin voraus. Dazu wurden 75 mg Antipyrin je Kilogramm Körpergewicht injiziert.

Aus Abb. 3 ist zu ersehen, daß die 1—8 Tage nach Antipyrininjektion gemessenen ECW-Werte in Prozent des Körpergewichtes zum Teil bedeutend höher liegen als die Normalwerte. Das ECW betrug im Mittel aus 15 Bestimmungen unter Antipyrineinfluß 10,84 ± 0,93 l/m². Es ist zu sichern, daß dieser Wert größer ist als der Normalwert von 9,10 ± 0,74 (S. 9); $t = 6{,}19$; $p < 0{,}001$. In Abb. 4 sind Gewichtskurve und ECW-Werte eines Versuchsschweines im Alter von 75—160 Tagen im gleichen Maßstab dargestellt. Die Zeit der Antipyrininjektionen ist markiert. Nach Antipyrin zeigt sich nicht nur eine Erhöhung des ECW, sondern auch eine entsprechende Gewichtszunahme, was vermuten läßt, daß die Gewichtszunahme durch Vermehrung des ECW bedingt ist. Bei mehreren rasch hintereinander erfolgenden Antipyrininjektionen verstärkt sich die Wirkung auf Gewicht und ECW. Dies wurde auch an anderen Versuchsschweinen beobachtet.

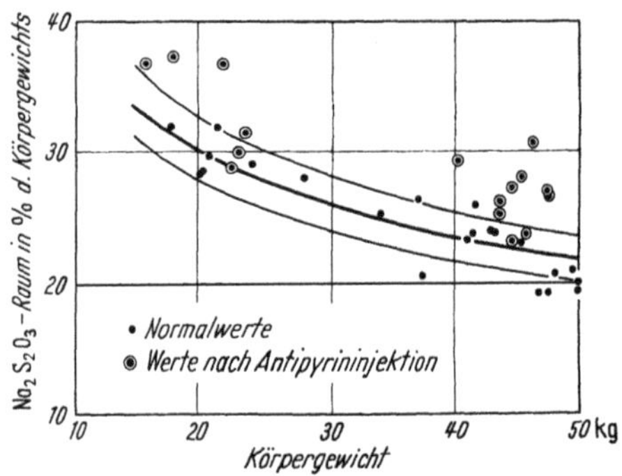

Abb. 3. Thiosulfatverteilungsraum. Vergleich der nach Antipyrininjektion bestimmten Werte mit den Normalwerten von Tieren des gleichen Gewichtsbereiches (gleiche Werte wie in Abb. 2)

4. Das ECW bei Eiweißmangel. Beim Schwein läßt sich durch Verfütterung von Kartoffeln ohne Zusatz von Kraftfutter ein ausgeprägter Eiweißmangel erzielen (HILL, MOCH, SCHUMANN 1954[25]). Für diese Versuche standen uns 4 Tiere zur Verfügung, die vom 59. Lebenstage an auf diese Weise ernährt wurden. Das ECW wurde im Bereich von 167—169 Lebenstagen bestimmt. In Tab. 5 sind die Ergebnisse der Messungen an Eiweißmangeltieren denen von Normaltieren gegenübergestellt. Mit Hilfe des t-Testes wurde gezeigt, daß die Mittelwerte sich signifikant unterscheiden. Das ECW bei den Eiweißmangeltieren ist im Vergleich mit gleichschweren Normaltieren viel niedriger. Um der Kritik zu entgehen, daß es sich bei den gleichschweren Tieren um wesentlich jüngere und damit unvergleichbare handele, sind die Eiweißmangelschweine gleichaltrigen gegenübergestellt worden. Auch hier ist die Differenz signifikant.

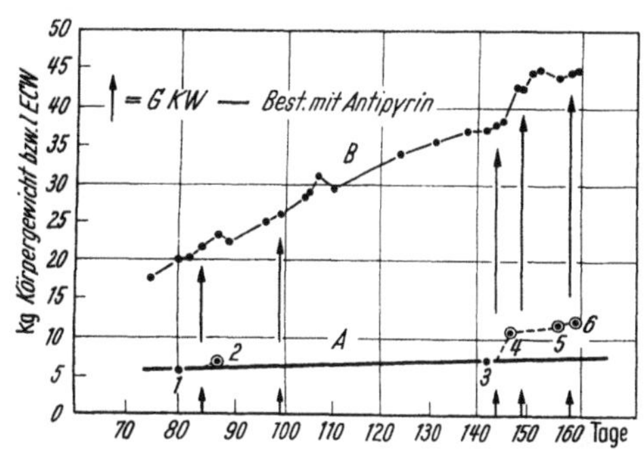

Abb. 4. Gewichtskurve (kg) und extracelluläres Wasser (l) eines Schweines im gleichen Maßstab dargestellt. Es ist zu erkennen, daß nach Antipyrininjektionen (Pfeile) höhere ECW-Werte bestimmt werden (*2, 4, 5, 6*) als ohne Antipyrineinfluß (*1, 3*)

B. Die Totalclearance von Natriumthiosulfat

Die für alle Versuche gezeichneten Eliminationsgeraden in halblogarithmischem Papier erlauben es uns, die Ausscheidungsverhältnisse des Thiosulfats quantitativ zu untersuchen. Nach Einstellung des Verteilungsgleichgewichtes, das beim Schwein in Übereinstimmung mit dem Menschen und anderen Tieren in 15—20 min nach Injektion erreicht wird, liegen die Plasmakonzentrationswerte auf einer Geraden. Thiosulfat verhält sich demnach auch beim Schwein wie ein nichtreaktiver Stoff im Sinne von DOST[13] (1953). Damit sind die Voraussetzungen zur Bestimmung der Totalclearance gegeben. Aus den Eliminationsgeraden wurde die Halbwertszeit (HWZ) abgelesen und berechnet:

$$\text{Die Eliminationskonstante } k \text{ zu } \frac{\ln 2}{HWZ} \; [\text{min}^{-1}], \text{ sowie}$$
$$\text{die Totalclearance zu } k \cdot \text{ECW } [\text{l/min}].$$

Die so ermittelte Totalclearance zeigt nicht nur die Eliminationstätigkeit der Niere an, sondern umfaßt auch die Klärung des Plasmas durch chemischen Abbau und langsame Diffusionsvorgänge, z. B. das Eindringen in Erythrocyten.

1. Normaltiere. In Tab. 1 sind neben den ECW-Werten auch HWZ, Eliminationskonstante, Clearance und Clearance/m² Körperoberfläche aufgeführt.

Die Halbwertszeit, und damit auch die Eliminationskonstante, sind weitgehend unabhängig vom Körpergewicht. Nur die Tiere von mehr als 60 kg Gewicht scheiden die Testsubstanz etwas rascher aus. Da es

Tabelle 5. *Verteilungsvolumen und Ausscheidungswerte von Thiosulfat bei eiweißmangelernährten Schweinen (A) sowie bei gleichschweren (B) und gleichalten (C) Kontrolltieren*

Schwein Nr.	Gewicht kg	Alter Tage	ECW			HWZ Minuten	Clearance		Plasma-prot. %
			1	% Kgew.	l/m² Kofl.		cm³/min	cm³/min/m²	
A. Eiweißmangeltiere									
61	27,5	167	4,1	15,1	5,176	28,0	101,5	127,5	3,5
65	32,0	166	5,6	17,5	6,437	34,0	114,2	131,2	4,6
60	34,0	165	5,4	15,9	5,908	29,0	129,0	141,0	4,7
63	34,5	169	6,5	18,8	7,050	36,6	123,5	134,0	4,6
	32,0	166,8	5,4	16,8	6,143	31,9	117,1	133,4	
B. Normaltiere mit entsprechendem Körpergewicht									
73	24,2	86	7,1	29,2	9,712	42,5	116,5	160,5	6,1
07	28,0	—	7,9	28,2	9,850	37,5	146,2	182,0	—
05	34,0	—	8,7	25,2	9,519	37,0	162,5	178,0	—
71	37,0	142	9,8	26,5	10,150	32,5	209,0	217,0	5,9
	30,5	—	8,4	27,3	9,8	37,4	158,6	184,4	
C. Normaltiere in entsprechendem Alter									
79	50,0	164	9,8	19,6	8,921	30,0	222,6	188,3	6,5
71	42,8	158	10,4	24,2	9,412	37,5	192,0	134,0	6,1
78	50,0	166	10,2	20,3	8,629	30,0	235,6	199,3	6,7
01	49,5	173	10,5	21,2	8,944	34,0	214,0	182,0	—
	45,6	166,5	10,2	21,3	8,819	32,9	216,1	185,9	
t-Test A : B	0	—	××	×××	×××	0	0	××	
t-Test A : C	×××	0	×××	××	×××	0	×××	×××	

××× hoch signifikant ($p < 0{,}001$); ×× signifikant ($p < 0{,}01$); 0 = nicht gesichert; — = nicht geprüft.

sich aber hierbei um Schweine handelt, die intensiver als die übrigen gemästet wurden, kann nicht entschieden werden, ob das Gewicht oder die andersartige Fütterung Ursache der geringeren HWZ sind.

Tabelle 6. *Mittelwerte und Standardabweichung für Halbwertszeit, Eliminationskonstante und Clearance pro Quadratmeter bei leicht gemästeten (Gruppe I) und intensiv gemästeten (Gruppe II) Normalschweinen*

Gruppe	Gewicht	Anzahl der Messungen	HWZ Minuten	Eliminations-Konstante min^{-1}	Clearance $ml/min \cdot m^2$
I	13 – 50	25	34,38 ± 3,82	0,0203 ± 0,0022	186,70 ± 17,17
II	61,5–103	7	27,86 ± 4,00	0,0253 ± 0,0032	220,57 ± 22,84
	Prüffunktion	*t*	3,95	4,7	4,85
	p		<0,001	<0,001	<0,001

In Tab. 6 sind daher die Mittelwerte für Clearance, HWZ und Eliminationskonstante für Tiere über und unter 60 kg gesondert berechnet worden:

Wie beim ECW wurde auch für die Clearance die Abhängigkeit vom Körpergewicht logarithmisch dargestellt und die Beziehungsgleichung

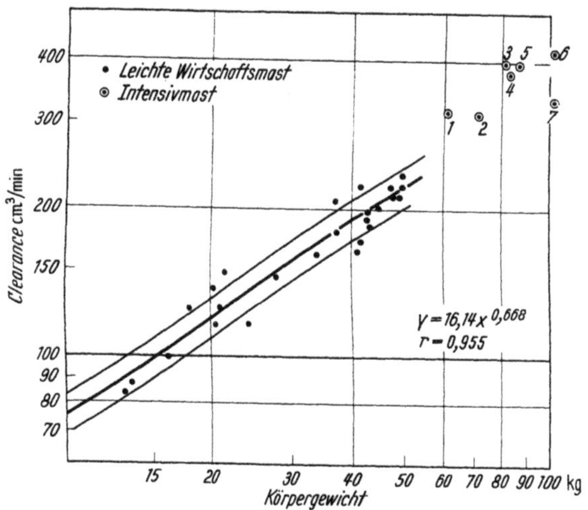

Abb. 5. Totalclearance von Thiosulfat (ml/min) in Abhängigkeit vom Körpergewicht. Beide Koordinaten logarithmisch geteilt. Regressionslinie und 1 σ-Grenzen wurden nur für die Tiere mit leichter Wirtschaftsmast berechnet. *1*—*7* Tiere mit Intensivmast

berechnet (Abb. 5). Dies ist in sinnvoller Weise nur für die Gruppe I möglich. Bei ihr lautet die Gleichung:

$$\text{Clearance} = 16{,}139 \cdot \text{kg}^{0{,}668}\ [\text{ml/min}],$$

der logarithmisch berechnete Korrelationskoeffizient beträgt $r = 0{,}955$.

Tabelle 7. *Verteilungsraum und Elimination vor und nach Nephrektomie. Die renale Clearance wurde als Differenz der Totalclearance und der Clearance nach Nephrektomie berechnet*

Schwein Nr.	Gewicht kg	Körperoberfläche m^2	Alter Tage	ECW			HWZ Minuten	Eliminations-Konstante min^{-1}	Clearance		
				l	% Kgew.	l/m^2 Kofl.			cm^3/min	$cm^3/min/m^2$	% d. Kontr.W
					a) Vor Nephrektomie				Totalclearance		
79	50,0	1,182	164	9,8	19,6	8,291	30	0,0231	222,6	188,3	
78	50,0	1,182	166	10,2	20,3	8,629	30	0,0231	235,6	199,3	
13	76,0	1,561	226	13,1	17,2	8,392	32,2	0,0215	281,7	180,4	
					b) Nach Nephrektomie				extrarenale Clearance		
79	51,0	1,196	165	10,8	21,3	9,030	92	0,00753	81,3	68,0	36
78	52,0	1,212	170	11,5	22,1	9,488	56	0,01238	142,4	117,5	59
13	76,5	1,568	228	12,2	16,0	7,781	103,5	0,00670	81,7	52,1	29
									renale Clearance als Differenz		
									141,3	120,3	64
									93,2	81,8	41
									200,0	128,3	71

2. *Einfluß von Antibiotica.* Wie aus Tab. 3 zu ersehen ist, wird durch die Antibioticabeifütterung unter unseren Versuchsbedingungen weder die Totalclearance noch die Halbwertszeit systematisch verändert. Die Werte der Antibioticatiere sind deshalb unter die Normalwerte mit aufgenommen worden (Tab. 1).

3. *Antipyrineinfluß.* Unter Antipyrineinfluß ist die Halbwertszeit gegenüber den Normaltieren signifikant erhöht (Mittel aus 15 Versuchen $38,6 \pm 5,05$ min; $t = 3,00$; $p < 0,01$). Bei der Clearance läßt sich ein Unterschied zu den Normaltieren nicht sichern (Mittelwert $196,67 \pm 22,14$ ml/min · m^2).

4. *Eiweißmangel.* Beim Vergleich der Eiweißmangeltiere mit den Werten gleichalter und gleichschwerer Tiere ergab sich keine im *t*-Test zu sichernde Abweichung für die Halbwertszeit. Die Clearance pro Quadratmeter Körperoberfläche ist jedoch bei den Eiweißmangeltieren gegenüber den Kontrollen signifikant vermindert. Bei den Absolutwerten der Clearance ist die

Differenz nur gegenüber gleichalten, nicht aber gegenüber gleichschweren Vergleichstieren gesichert. Die Ursache hierfür liegt in der großen Streuung der Werte dieser Gruppe.

5. *Nephrektomie.* Um einen Anhalt dafür zu gewinnen, welcher Anteil des Thiosulfats extrarenal ausgeschieden wird, wurde an drei Tieren die Bestimmung des ECW und der Ausscheidungsverhältnisse vor und sofort nach Nephrektomie vorgenommen. Die Operation wurde in Barbituratnarkose durchgeführt. PERUZZO u. SAVINO[42] (1957) hatten gefunden, daß Barbituratnarkosen das ECW nur unwesentlich beeinflussen. Die erhaltenen Werte sind in Tab. 7 zusammengestellt. Die Werte vor der Operation liegen im Bereich unserer Normalwerte. Nach Nephrektomie ist das ECW nicht systematisch gegenüber den Ausgangswerten verändert. Die Halbwertszeit ist wesentlich verlängert. Die extrarenale Clearance der nephrektomierten Tiere beträgt 36, 59 und 29% der totalen Clearance vor der Operation. Die renale Clearance wurde als Differenz zwischen der totalen und der extrarenalen Clearance berechnet.

Diskussion

Die vorliegenden Untersuchungen haben gezeigt, daß Thiosulfat zur Bestimmung des physiologisch aktiven Teils des extracellulären Wassers bei Schweinen gut geeignet ist. Bei Beachtung einer langsamen Injektion, auf die auch RAISZ, YOUNG u. STINSON[44] 1953 hinwiesen, lassen sich beim Schwein gut vergleichbare Werte des Verteilungsvolumens erzielen. Aus dem geradlinigen Verlauf der Ausscheidungskurve in halblogarithmischem Papier ist zu entnehmen, daß ein Verteilungsgleichgewicht auch bei einmaliger Injektion der Testsubstanz erreicht wird. Hierfür sprechen auch die Ergebnisse der Nephrektomie an 3 Tieren, bei denen das Verteilungsgleichgewicht trotz fehlender Nierenausscheidung zur gleichen Zeit wie bei den Kontrollen eintrat.

Die gegen die einmalige Injektion von MERTZ[36] (1957), CHESLEY u. LENOBEL[9] (1957) und anderen erhobenen Bedenken scheinen für das Schwein nicht berechtigt zu sein. Unsere Erfahrungen decken sich in dieser Hinsicht mit den Ergebnissen, die FOWLER u. UPFILL[19] (1955) an Kaninchen, BECKER u. JOSEPH[2] (1955) an Hunden, sowie FRIIS-HANSEN[20,21] (1954, 1955) und LJUNGGREN[33] (1957) an Menschen mit Thiosulfat gemacht haben.

Bei der Darstellung der *Ergebnisse an normalen Schweinen* fällt besonders auf, daß das ECW in Prozent Körpergewicht ausgedrückt, mit zunehmender Gewichtsentwicklung der Tiere abnimmt. Gleiche Feststellungen wurden von CALCAGNO[6] (1951), PASSARO[41] (1953), FRIIS-HANSEN[20,21] (1954, 1956) und RODECK u. RÖTTGER[46] (1954) am Menschen gemacht. Die am Menschen ermittelten Werte streuen jedoch viel stärker als unsere Werte an Schweinen.

Bei jungen Hunden fanden GAMBLE et al.[22] (1952) den Chloridraum fast doppelt so hoch wie bei älteren Tieren. Nach den von FRIIS-HANSEN[20] (1954) angegebenen Werten für den Menschen entspricht der Thiosulfatraum (in Prozent Körpergewicht) eines 1—2 Monate alten und 3,7 kg schweren Kindes dem unserer Schweine von 14 kg und der eines 9—12jährigen Kindes mit 35 kg Gewicht dem eines Schweines von 65 kg.

Für die Abnahme des ECW mit zunehmendem Körpergewicht sind vorwiegend zwei Gründe maßgebend:

1. die Abnahme des Wasserbindungsvermögens der Körpereiweiße mit zunehmendem Alter;

2. die fortschreitende Einlagerung von Fett in den Körper, wodurch der wasserhaltige, fettfreie Körperanteil relativ vermindert wird.

Der gefundene Exponent von 0,646 für die Abhängigkeit des extracellulären Wassers (in Litern) vom Körpergewicht liegt sehr nahe bei $^2/_3$, dem Exponenten für die Oberflächenberechnung nach MEEH[35] (1879). Er ist nahezu identisch mit dem Exponenten von 0,633, den BRODY[5] (1945) für die Oberflächenberechnung beim Schwein vorschlägt. Dies zeigt, daß die Oberfläche, nach den Formeln von MEEH oder BRODY berechnet, einen brauchbaren Bezugswert für den Vergleich des ECW verschiedener Schweine darstellt*.

Die Berechnung des ECW auf den Quadratmeter Körperoberfläche gibt uns die Möglichkeit, die Reproduzierbarkeit wiederholter Messungen auch an wachsenden Tieren zu prüfen. Der in Tab. 2 für die Streuung „innerhalb der Schweine" berechnete Variationskoeffizient von 5,8 ist sehr ähnlich dem Wert von 4,9, den wir aus den Messungen von CARDOZO u. EDELMAN[7] (1951, Tab. S. 283) für wiederholte Bestimmungen an erwachsenen Menschen errechneten. Bei unseren Versuchen beruht ein wesentlicher Teil der Streuung auf den durch unregelmäßige Harn- und Kotabgabe bedingten, unkontrollierbaren Gewichtsschwankungen der Versuchstiere.

Bei *Antibiotica-Zufütterung* war keine Beeinflussung des ECW zu erkennen. Allerdings umfaßt dieser Versuch nur einen relativ engen Bereich der Gewichtszunahme. Auch war die Wachstumswirkung des Antibioticums nur gering (+ 3,7%) und statistisch nicht zu sichern. Um eine endgültige Aussage treffen zu können, wäre es notwendig, die Versuche an größerem Material mit längerer Versuchsdauer zu wiederholen.

---

* Welcher Wert der Konstante k für die Oberflächenberechnung beim Schwein zugrunde gelegt werden soll, ist strittig. Wir verwandten den von RUBNER[47] (1902) angegebenen Wert von 0,087; eine Umrechnung der von uns angegebenen Werte auf andere Konstanten ist leicht möglich.

Über eine Vermehrung des ECW unter Einfluß von *Antipyrin* wurde in den Arbeiten, die diese Substanz zur Gesamtkörperwasserbestimmung verwenden, kein Hinweis gefunden.

Die wasserretinierende Wirkung von Antipyrin beschrieb bereits LEWIN[32] (1899). Sie wurde danach von GESSLER (1923), SCHERF[49] (1931) und ULRICH (1936)[53] für Pyramidon und Novalgin sowie von RECHENBERG[45] (1951), FARBÉ u. BACH[17] (1951) auch für Irgapyrin gefunden. FABRÉ u. BACH vermuten eine verstärkte Wasserrückresorption im distalen Tubulusteil. SCHERF teilt mit, daß Antipyrin bereits um 1880 mit Erfolg bei Diabetes insipidus gegeben wurde.

Auffallend ist, daß die gefundene Vermehrung des ECW nach einer einmaligen Injektion von Antipyrin erfolgte und sich noch nach mehreren Tagen auswirkte. SCHERF[48] (1931) und GESSLER[23] (1923) fanden, daß das durch Pyramidon retinierte Wasser rasch nach Absetzen des Medikamentes wieder ausgeschieden wird. Nur gelegentlich blieb die Retention über 4—5 Tage bestehen.

Zu unserem Material ist bei nahezu allen Versuchen nach Antipyrin die Zeit bis zur Einstellung des Verteilungsgleichgewichtes verlängert. Wir vermuten, daß die verlängerte Verteilungsphase sowie die gleichzeitig gefundene Vermehrung des ECW ihre Ursache in subklinischen Ödemen haben, die durch die vorherige Antipyrininjektion entstanden sind. RECHENBERG[45] (1951) hat klinisch bei 20 von 450 mit Irgapyrin behandelten Patienten ausgedehnte Ödeme als Folge der Antidiurese dieses Pyrazolderivates beobachtet. Daß bei Ödemen die Einstellung des Verteilungsgleichgewichtes von Testsubstanzen verlangsamt wird, ist von mehreren Autoren beschrieben worden [BENSON u. YALOW[3] (1955); MOKOTOFF et al.[38] (1952)].

Gemessen an der Clearance wird bei den Tieren unter Antipyrineinfluß pro Zeiteinheit und Quadratmeter Körperoberfläche das gleiche Volumen extracellulärer Flüssigkeit von Thiosulfat befreit wie bei normalen Tieren. Da aber das Verteilungsvolumen größer ist, resultiert eine längere Halbwertszeit. Bei Vermehrung des ECW durch Antipyrinwirkung erfolgt also keine Kompensation in Form einer vergrößerten Clearance. Die Thiosulfatausscheidung ist damit beeinträchtigt.

Die starke Beeinflussung des Körperwassers durch Antipyrin macht es notwendig, bei kombinierter Bestimmung von Gesamtkörperwasser (GKW) und ECW, die ECW-Bestimmung vorausgehen zu lassen. Die von verschiedenen Autoren bei wiederholten Bestimmungen des GKW mit Antipyrin gefundenen Streuungen sind vielfach auf diese wasserretinierende Wirkung zurückzuführen. 1—12 Tage nach einer GKW-Bestimmung mit Antipyrin sollten keine Körperwasseruntersuchungen erfolgen.

Bei experimentell erzeugtem *Eiweißmangel* an Ratten (WARTER, MANDEL u. CUNY[55] 1953) und Hunden (ALLISON, SEELEY, BROWN u.

FERGUSON[1] 1946); (CIZEK u. ZUCKER[10] 1950) wurde übereinstimmend eine Vermehrung des ECW (in Prozent Körpergewicht) gefunden. Unsere Ergebnisse scheinen zunächst in Widerspruch zu diesen Arbeiten zu stehen. Es muß jedoch berücksichtigt werden, daß die von uns zur Erzeugung des Eiweißmangels gewählte Kartoffeldiät außerordentlich kalorienreich ist. Die Tiere waren für ihre Gewichtsklasse abnorm fett, wie nach der Schlachtung aus Speckdicke und spezifischem Gewicht des Schlachtkörpers hervorging. Die bereits erwähnte relative Abnahme des ECW durch Fetteinlagerung in den Körper kommt daher bei den Eiweißmangeltieren vermehrt zur Auswirkung.

Wie die Bestimmung des Wassers in Muskelproben unserer Eiweißmangel- und Kontrolltiere (HÖLLER et al.[26] 1958) ergab, ist der Wassergehalt in der fettfreien Körpersubstanz bei Eiweißmangel erhöht. Diese Zunahme, die besonders das ECW betrifft, wird aber nicht sichtbar, wenn das ECW auf das Gesamtkörpergewicht bezogen wird. Das Gesamtkörperwasser, das an den gleichen Tieren bestimmt wurde (WAGNER[54]), erwies sich in gleicher Weise wie das ECW erniedrigt.

Die hier mitgeteilten Befunde an Eiweißmangeltieren haben, obwohl sie eindeutige Veränderungen anzeigen, nur orientierenden Charakter. In der Zwischenzeit wurde der Einfluß von Eiweißmangel auf das Gesamtkörperwasser und das extracelluläre und intracelluläre Flüssigkeitsvolumen von Schweinen an einer größeren Versuchsreihe geprüft, über deren Ergebnisse an anderer Stelle berichtet werden soll.

Die an *Eiweißmangeltieren* gemessenen ECW-Werte (Prozent Körpergewicht) unterschieden sich stärker von denen der gleichschweren als von denen der gleichaltrigen Tiere. Dies Verhalten wird verständlich, wenn man bedenkt, daß bei Mangelernährung das physiologische Alter gegenüber dem chronologischen Alter zurückbleibt (MCMEEKAN[34] 1940); (RAGSDALE[43] 1934). Gleiches Körpergewicht entspricht unter diesen Bedingungen etwa gleichem physiologischen Alter. Die Kontrolltiere gleichen chronologischen Alters sind auf Grund ihrer besseren körperlichen Entwicklung physiologisch älter als die Mangeltiere. Diesem höheren physiologischen Alter entspricht ein niedrigerer ECW-Gehalt, so daß sich die Differenz zu den Mangeltieren verringert.

Auch bei normal ernährten Tieren ist das ECW stärker vom Gewicht als vom chronologischen Alter abhängig. Dies zeigt besonders deutlich ein Vergleich der intensiv gemästeten Tiere (Gruppe B) der Tab. 1 mit den gleichalten Versuchstieren der Gruppe A.

Die *Ausscheidung von Thiosulfat* ist nach LAMBIOTTE et al.[31] (1950) proportional der Plasmakonzentration, solange die Konzentrationen über 16 mg-$^0/_0$ bleiben. Bei tieferem Plasmaspiegel wird die Clearance zunehmend größer. Das gleiche konnten wir in unseren Versuchen beobachten. Bei Konzentrationen unter 10—15 mg-$^0/_0$ lagen die bestimmten Plasmakonzentrationen unter der Ausscheidungsgeraden.

Bei einigen Versuchen war es nicht möglich, eine Ausscheidungsgerade zu zeichnen. Dies betraf hauptsächlich sehr unruhige Tiere. Ähnliche Mißerfolge hatten CARDOZO u. EDELMAN[7] (1951) beim Hund und FRIIS-HANSEN[20] (1954) beim Menschen.

Es ist bekannt, daß Thiosulfat extrarenal abgebaut wird. Beim Menschen konnten nur 65% der injizierten Menge im Harn wiedergefunden werden (CARDOZO u. EDELMAN[7] 1951). Beim Hund werden ähnliche Zahlen genannt: GILMAN et al.[24] (1946) 70–80%; RAISZ et al.[44] (1953) 45–65%; BECKER u. JOSEPH[2] (1955) 58,2%. Unsere Versuche mit *Nephrektomie* haben ergeben, daß beim Schwein etwa 1/3 des Thiosulfates extrarenal abgebaut werden. Dies ist ein wesentlich höherer Anteil als beim Hund, bei dem nach Ligation der Ureter (GILMAN et al.[24] 1946) oder Nephrektomie (SWAN et al.[50] 1954) das Thiosulfat nur sehr langsam aus dem Plasma verschwindet. Bei dem hohen und — wie Tab. 7 zeigt — variablen

Tabelle 8. *Übersicht über die eigenen und die in der Literatur mitgeteilten Werte der totalen, renalen und extrarenalen Clearance bei Mensch, Hund und Schwein*

Species	Autor	Zahl der Individuen	Gewicht kg	Durchschnittl. Oberfläche m²	Clearance (ml/m² · min)[1]		
					total	renal	extrarenal
Mensch	DICK u. DAVIES 1949				—	48,4	—
	SCHWARTZ 1950	2	62,3 u. 62,7	1,8 angen.	~92	—	—
Hund	SWAN et al. 1954	9	11,7–22,9	0,83	—	—	15,8
	BECKER u. JOSEPH 1955	20	9,3–19,0	0,62	120,2	—	—
	RAISZ et al. 1953	5	10,3–17,9	0,72	97,7	—	—
	RAISZ et al. 1953	4	10,3–17,9	0,61	—	(84,5)	13,2
	GILMAN et al. 1956	4	9,8–15,7	0,62	—	82	~5,7
	SCHWARTZ 1950	4	16,0–22,8	0,75	97,0	—	—
Schwein	Eigene Untersuchungen	3	50–76	1,18–1,56	189,3	110,1	79,2
		25	13–50	0,5–1,2	186,7	—	—
		7	61–103	1,4–1,9	220,6	—	—

[1] Die in den Originalarbeiten angegebenen Werte wurden von uns auf gleiche Körperoberfläche umgerechnet.

Anteil der extrarenalen Clearance an der Thiosulfatausscheidung dürfte es beim Schwein nicht möglich sein, mit Hilfe der Harnsammlung eine exakte ECW-Bestimmung durchzuführen. Gleiche Schwankungen im extrarenalen Abbau beobachteten auch RAISZ et al.[44] (1953) und CARDOZO u. EDELMAN[7] (1951) beim Hund.

In Tab. 8 sind Literaturwerte der totalen, renalen und extrarenalen Thiosulfatclearance bei Hund und Mensch unseren Werten gegenübergestellt. Die Absolutwerte der Clearance liegen beim Schwein höher als bei Hund und Mensch. Dies betrifft sowohl die renale wie die extrarenale Clearance.

Zusammenfassung

1. Es wurden Bestimmungen des Thiosulfatverteilungsraumes und der Thiosulfat-Totalclearance bei 24 männlichen Schweinen im Gewicht von 13—103 kg durchgeführt.

2. Die Testsubstanz wurde in die V. cava cran. injiziert. Die Berechnung des Verteilungsvolumens erfolgte nach einmaliger Injektion durch Extrapolation des fallenden Plasmaspiegels auf den Injektionszeitpunkt.

3. Das ECW normal ernährter Schweine ist nach der Formel ECW (l) $= 0{,}851 \cdot kg^{0{,}646}$ abhängig vom Körpergewicht. Bei jüngeren Tieren ist daher der Anteil des ECW an der Körpersubstanz größer als bei älteren Tieren. Die nach der Meehschen Formel $0 = 0{,}087 \cdot kg^{2/3}$ berechneten Körperoberfläche ist ein gutes Maß für den Vergleich des ECW verschieden schwerer Schweine. Der Mittelwert aus 32 Bestimmungen an 19 Schweinen beträgt $9{,}10 \pm 0{,}74$ l/m^2.

4. In 25 Bestimmungen an 13 Schweinen im Gewicht von 13—50 kg wurde eine Halbwertszeit des Plasma-Thiosulfatspiegels von $34{,}4 \pm 3{,}8$ min, eine Eliminationskonstante von $0{,}0204 \pm 0{,}0022$ min^{-1} und eine Totalclearance von $186{,}7 \pm 17{,}2$ ml $\cdot$ min^{-1} $\cdot$ m^{-2} bestimmt.

5. Zufütterung von Oxytetracyclin für die Dauer von 62—68 Tagen an 3 Schweine hatte keinen Einfluß auf ECW und Thiosulfatausscheidung.

6. Einmalige Injektion von Antipyrin (0,75 mg/kg) erhöht Körpergewicht und ECW für die Dauer von 1—10 Tagen. Die Clearance ist dabei unverändert, die Halbwertszeit verlängert.

7. Bei 4 Tieren, die nach einseitiger Kartoffelfütterung klinische Zeichen des Eiweißmangels zeigten, war das ECW deutlich vermindert. Die Ursache hierfür ist ein übermäßiger Fettansatz auf Grund der reinen Kohlenhydraternährung.

8. Bei 3 nephrektomierten Schweinen betrug die extrarenale Clearance 29, 36 und 59% der Totalclearance vor der Operation. Die renale und extrarenale Clearance von Thiosulfat, bezogen auf den Quadratmeter Körperoberfläche liegen höher als die entsprechenden Werte von Mensch und Hund.

Literatur

[1] Allison, J. B., R. D. Seeley, J. H. Brown and F. P. Perguson: Proc. Soc. exper. Biol. (N. Y.) **63**, 214 (1946). — [2] Becker, E. L., and B. J. Joseph: Amer. J. Physiol. **183**, **314** (1955). — [3] Benson, S. A., and R. S. Yalow: Science **121**, 34 (1955). — [4] Bernard, C.: Leçons sur les phenomenes de la vie communs aux animaux et aux végétaux. Paris: J. B. Baillière et Fils (1878). — [5] Brody, S.: Bioenergetics and growth. New York: Reinhold Publishing Corporation (1945). — [6] Calcagno, Ph. L., G. S. Husson and M. J. Rubin: Proc. Soc. exp. Biol. (N. Y.) **77**, 309 (1951). — [7] Cardozo, R. H., and J. S. Edelman: J. clin. Invest. **31**, 280 (1952). — [8] Carle, B. N., and W. H. Dewhirst: J. Amer. vet. med. Ass. **101**, 495 (1942). — [9] Chesley, L. C., and A. Lenobel: J. clin. Invest. **36**, 327 (1957). — [10] Cizek, L. J., and M. B. Zucker: Amer. J. Physiol. **162**, 153 (1950). — [11] Clawson, A. J., B. E. Sheffy and J. T. Reid: J. Anim. Sci. **14**, 1122 (1955). — [12] Dick, A., and C. E. Davies: J. clin. Path. **2**, 67 (1949). — [13] Dost, F. H.: Der Blutspiegel. Leipzig: Georg Thieme 1953. — [14] Dumont, B. L.: Ann. Zootech. **4**, 297 (1955). — [15] Dumont, B. L.: Ann. Zootech. **4**, 305 (1955). — [16] Edelman, I. S., J. M. Olney, A. H. James, L. Brooks and R. D. Moore: Science **115**, 447 (1952). — [17] Fabre, J., u. R. S. Bach: Schweiz. med. Wschr. **1951**, **473**. — [18] Forbes, G. B., A. Reid, J. Bondurant and J. Etherdidge: Proc. Soc. exp. Biol. (N. Y.) **83**, 871 (1953). — [19] Fowler, R., and J. Upfill: Austral. J. exp. Biol. med. Sci. **33**, 39 (1955). — [20] Friis-Hansen, B.: Acta paediat. (Copenhagen) **43**, 444 (1954). — [21] Friis-Hansen, B.: Acta paediat. (Copenhagen) Supp. 110 (1956). — [22] Gamble, J. L., and J. S. Robertson: Amer. J. Physiol. **171**, 659 (1952). — [23] Gessler, H.: Naunyn-Schmiedeberg's Arch. exp. Path. Pharmak. **98**, 257 (1923). — [24] Gilman, A., F. S. Philips and E. S. Koelle: Amer. J. Physiol. **146**, 348 (1946). — [25] Hill, H., R. Moch u. G. Schumann: Dtsch. tierärztl. Wschr. **61**, 21 (1954). — [26] Höller, H., W. Prinz u. H. Hill: Z. Tierphysiol. Tierernährg. Futtermittelkd. **13**, 201 (1958). — [27] Hütten, H., u. F. Preuss: Berlin. Münch. tierärztl. Wschr. **66**, 89 (1953). — [28] Ikkos, D.: Acta endocr. (Kbh.) **21**, Suppl. 25 (1956). — [29] Kowalski, H. J., and D. D. Rutstein: J. clin. Invest. **31**, 370 (1952). — [30] Kraybill, H. F., E. R. Goode, R. S. B. Robertson and H. S. Stoane: J. appl. Physiol **6**, 27 (1953). — [31] Lambiotte, C., J. Blanchard et S. Graff: J. clin. Invest. **29**, 1207 (1950). — [32] Lewin, L.: Nebenwirkung der Arzneimittel. Berlin 1899, S. 458. — [33] Ljunggren, H.: Acta endocr. (Kbh.) **25**, Supp. 33 (1957). — [34] McMeekan, C. P.: J. Agricult. Sci. **30**, 276, 387, 511 (1940). — [35] Meeh, K.: Z. Biol. **15**, 425 (1879). — [36] Mertz, D. P.: Ärztl. Forsch. **11**, 8 (1957). — [37] Mertz, D. P.: Klin. Wschr. **1956**, 887. — [38] Mokotoff, R., G. Ross and L. Leiter: J. clin. Invest. **31**, 291 (1952). — [39] Newman, E. V., A. Gilman and F. S. Philips: Bull. Johns Hopk. Hosp. **79**, 229 (1946). — [40] Nichols, G., N. Nichols, W. B. Weil and W. M. Wallace: J. clin. Invest. **32**, 1299 (1953). — [41] Passaro, G.: Boll. Soc. ital. Biol. sper. **29**, 245, 248, 251 (1953). — [42] Peruzzo, L., e L. Savino: Anesth. et Analg. **14**, 27 (1957). — [43] Ragsdale, A. C.: Missouri Agric. Exp. Sta. Res. Bull. **336** (1934). — [44] Raisz, L. G., M. K. Young and I. T. Stinson: Amer. J. Physiol. **174**, 72 (1953). — [45] Rechenberg, H. K. v.: Klin. Wschr. **29**, 726 (1951). — [46] Rodeck, H., u. H. Röttger: Z. Kinderheilk. **74**, 610 (1954). — [47] Rubner, M.: Die Gesetze des Energieverbrauchs bei der Ernährung. Leipzig: Deuticke 1902, S. 281. — [48] Scherf, D.: Klin. Wschr. **10**, 1110 (1931) — [49] Schwartz, I.: Amer. J. Physiol. **160**, 526 (1950). — [50] Swan, R. C., H. Madisso and R. F. Pitts: J. clin. Invest. **33**, 1447 (1954). — [51] Sieburg, H.: Tierzüchter **9**, 332 (1957). — [52] Siri, W. E.: Advance biol. med. Phys. **4**, 239 (1956). — [53] Ulrich, J.: Mschr. Kinderheilk. 63 (1936). — [54] Wagner, W.: Vet. Diss. Hannover, in Vorbereitung. — [55] Warter, J., P. Mandel and S. Cuny: C. R. Soc. Biol. (Paris) **147**, 1471 (1953).

Ich danke Herrn Prof. Dr. H. Hill für die Überlassung des Themas und das Interesse, das er meinen Ergebnissen entgegengebracht hat.

Mein besonderer Dank gilt auch Herrn Dr. Hörnicke, der mich stets bei meiner Arbeit beraten und unterstützt hat und mir viele Anregungen gab. Die vorliegende Zusammenfassung ist gemeinsam mit Herrn Dr. Hörnicke in Pflügers Archiv 268, 148 - 167 veröffentlicht worden.

GPSR Compliance
The European Union's (EU) General Product Safety Regulation (GPSR) is a set of rules that requires consumer products to be safe and our obligations to ensure this.

If you have any concerns about our products, you can contact us on

ProductSafety@springernature.com

In case Publisher is established outside the EU, the EU authorized representative is:

Springer Nature Customer Service Center GmbH
Europaplatz 3
69115 Heidelberg, Germany

www.ingramcontent.com/pod-product-compliance
Ingram Content Group UK Ltd.
Pitfield, Milton Keynes, MK11 3LW, UK
UKHW021928190726
13853UKWH00002B/926

* 9 7 8 3 6 6 2 2 2 8 6 0 9 *